創意實習班

你做得到

畫出美麗的
圖畫

瑪麗亞·赫伯特·劉 著/繪

新雅文化事業有限公司
www.sunya.com.hk

目錄

你做得到！畫出美麗的圖畫

　　畫畫真是趣味十足！這本書將會給你源源不絕的靈感，幫助你動筆勾畫出美麗的圖畫。

　　請你拿起鉛筆，準備畫出精彩作品！書中包含了很多繪畫技巧、步驟和創意想法，你可以在長途車程中隨意翻來看，也可以在下雨的星期天埋頭練習畫畫。總之，你隨時隨地也可以畫畫！

　　不管你希望學習的是人物和角色的畫法、透視法，還是一大羣動物速寫技法，也能從這本書找到！

　　這本書提供了很多空白位置給你練習繪畫不同事物。有些更是整頁空白，好讓你發揮創意，把腦海中想像的整個場景畫下來。你還在等什麼？繼續閱讀這本書，然後動筆畫出美麗的圖畫吧！

以下幾點會幫助你使用這本書。

★ 看一看，想一想，畫一畫！每次畫畫時，你都必須要用到腦袋和眼睛。想想你希望畫些什麼，然後看看這些東西的模樣，這是一個有用的方法。把現實生活中圍繞你的東西畫出來固然很好，但你也可以藉着照片、記憶或想像來作畫。

★ 先輕輕打草稿！開始畫畫時，要輕力勾畫構圖，弄清事物的輪廓和作畫的位置。書中有些繪畫步驟會提供起稿線，幫你一把。決定好作畫的位置後，你就可以加強下筆的力度了。

★ 善用鉛筆這個工具！開始時，用鉛筆作畫就最好不過了。這樣，你就較容易控制作記號的力度。輕輕描出若隱若現的記號，大力一點的話，記號就會加深。你也可以試試用原子筆或其他工具繪畫。如果你不喜歡在完成品看到起稿的筆跡，可以在完成以原子筆勾畫後，用橡皮擦去底下的鉛筆線；或是先在另一張紙多練習幾次，才動筆作畫。

現在就翻到下一頁，跟着示例
畫出美麗的圖畫吧！

線條、曲線和形狀

所有圖畫都是由線條、曲線和形狀組成的。大家要學會看出這三個元素，這真的能幫助你繪畫任何東西啊！

線條

曲線

形狀

你能找出圖中有哪些形狀嗎？

請在下面空白位置練習畫線條、曲線和形狀。

秘訣！

在正式畫任何東西之前，先繪畫不同的線條和形狀作為熱身練習。

雪糕

先從雪糕着手吧！你認為畫一杯雪糕會用到哪些形狀和線條呢？

1

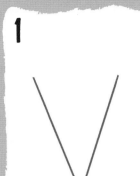

先用兩條線畫出雪糕筒的底部。

2

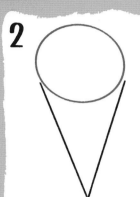

在上方輕輕畫一個圓形。

3

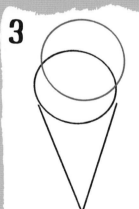

想畫兩球雪糕嗎？好主意！在第一個圓形上方多畫一個圓形吧。

4

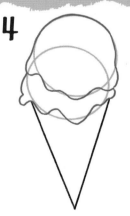

現在，照着圓形的形狀，把雪糕球的輪廓完整畫出來。

5

加一些線條，把雪糕筒上的紋理畫出來。

秘訣！ 你需要畫些波浪線，使雪糕球看似快要融化。

6 最後，加點配料吧！你可以畫些波浪線，代表往下滴的醬，也可以畫巧克力棒，或是小小的糖果碎、果仁碎。

請在下面空白位置畫一杯雪糕。

單車

聽起來有點難畫，可是，只要把單車分拆成線條和形狀，一步一步的畫，你就能把它畫出來！

1 先畫兩個車輪。

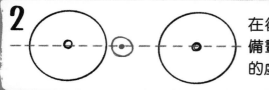

2 在後輪附近加一個小圓形，準備畫踏板。（可以畫一條水平的虛線輔助。）

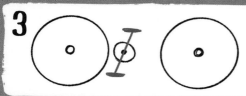

3 然後，把兩個踏板畫出來。

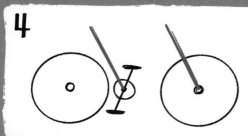

4 現在就開始畫骨架。畫兩條平衡線，一條是用來畫車把，另一條是用來畫鞍座。

5

用線段把骨架的其餘部分連起來。

6

加上鞍座和車把，單車就畫好了！你還可以把細微之處畫出來，像是車輪上的鏈條和輻條。最後，在車輪周圍畫些線條，使單車看起來像是在移動。

請在下面空白位置畫一架單車。

建築物

要是你先畫些形狀，建築物就不難畫了。你打算畫哪一類建築物呢？

首先，決定建築物的形狀。

然後加上……

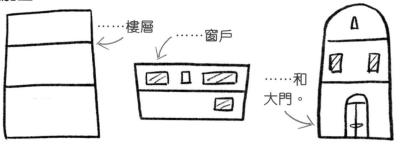

……樓層

……窗戶

……和大門。

如果你想建築物看起來更為立體，就要把它的側面畫出來。

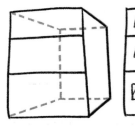

秘訣！

把建築物的形狀想像成小一點、遠一點的，然後把對角線連起來。

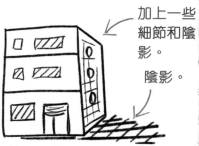

加上一些細節和陰影。

陰影。

請在下面空白位置畫一些建築物。

下一頁教你畫出建築物的細節。

建築物的細節

現在就來為建築加入細節，使之更逼真！

窗戶 它們會是什麼形狀的呢？

屋頂 尖的？穹形的？鋪了磚的？

煙囪和天線

拱門

梯級

天氣

不妨把天氣畫出來。

請在下面空白位置畫一座建築物並加上細節。

人物

人物也挺難畫的！只要不斷練習，你就會進步。

1

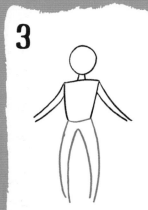

輕輕畫一個圓形，這就是頭部。

2

然後畫出頸、身體和一雙手臂。

3

接着，就畫一雙腿。

4

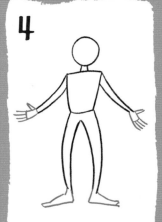

把手掌和腳掌畫出來。

5

最後，加上樣貌特徵、頭髮和衣服，人物就會變得栩栩如生了！

請在下面空白位置畫一個人物。

秘訣！ 手的畫法：

手指畫在
這裏

手的基本
形狀

手指

手腕

拇指

臉孔

臉孔該怎樣畫呢？以下這些方法能幫助你。

1 頭的形狀要畫得圓圓的。

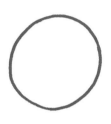

2 加上眼睛和耳朵。

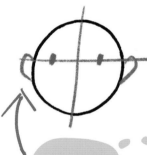

3 然後，就是鼻子和嘴巴。

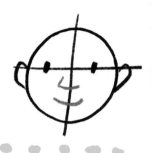

秘訣！ 眼睛和耳朵要畫在同一水平，你可以畫十字線幫助找出正確位置。

4 加上頭髮……

……就畫好了！

請在下面空白位置畫一些臉孔。

秘訣！

小孩：眼睛要大一點，
位置靠下一點。鼻子和
耳朵也要畫得小一點。

大人：眼睛要小一點，
位置靠上一點。鼻子和
耳朵也要畫得大一點。

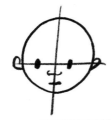

不同的表情

秘訣！

運用鏡子！對着鏡子做出不同表情，看看自己的臉孔有什麼改變。現在就試試，然後把表情畫下來！

你筆下的人物有什麼感受呢？這裏有些建議，能幫助你把人物的情緒表現出來。

開心

笑容燦爛，有時候，眼睛會緊緊的擠在一起，臉上也可能會有酒窩。

要誇張起來，畫出來的所有東西也帶着情緒——連頭髮也有！

難過

我們感到難過時，會感到垂頭喪氣。我們可以想想怎樣從眉毛和嘴巴反映出來。

驚訝

嘴巴和眼睛也會張大。千萬不要忘記，眉毛會上揚呢！

生氣

這是挺難表現的，你不妨對着鏡子練習一下！通常，頭部會向前傾，你也可以把肩膀畫成縮起來的模樣。

嘴巴在吼叫，眉心向下擠。

請在下面空白位置畫不同的表情。

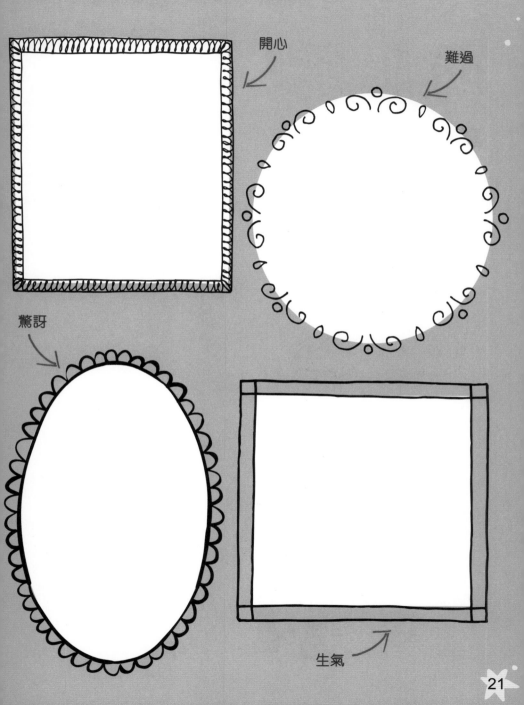

開心

難過

驚訝

生氣

人物角色的服飾

你還可以怎樣塑造人物的形象和個性呢？試試創作配合他們的服飾吧！

皇后

皇冠
（鑲有很多珍貴寶石）

長袍
（展示出她是一位重要的人物）

設計華麗的禮服

面罩
（隱藏其真正身分）

超級英雄

披風
（在風中飛揚）

長靴
（跑得很快時也不會滑倒）

繩套
（用來放牛）

帽子
（給頭部遮擋陽光）

長靴
（以防惡劣天氣和長途旅程）

牛仔

請在下面空白位置畫一些人物角色。
他們穿了什麼衣服呢？

人物角色的動作

如果你想把人物畫得活靈活現，就給他們加上動作吧。

飛翔

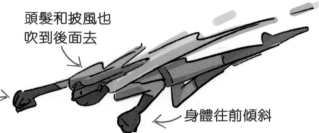

頭髮和披風也吹到後面去

強而有力的手

身體往前傾斜

手舞足蹈

皇冠從頭上掉下來

雙手大大張開

雙腳都跳起來

悶悶不樂

頭向下垂

彎腰駝背

帶着沉重的腳步，拖着繩子在地上走

請在下面空白位置畫一個人物角色和動作。他有什麼感受？為什麼他會有這樣的動作？

秘訣！

畫畫前，你可以先試試演一下動作。

創作你的人物角色

你可以在下面空白位置繼續畫更多不同的人物角色。他們是誰？在做些什麼？試試用圖畫來表達，畫出人物的表情、服飾和動作。

植物

1 畫一個花盆（或是任何器皿）。

2 先把莖畫出來，稍後就可以畫花朵和葉子了。

秘訣！

植物通常往上和往外生長。

3 畫一些葉子。

4 加上花朵，這就完成了！

請在下面的窗框內畫一些植物。

接下來會有更多繪畫花朵和葉子的教學。

花朵和葉子

有些花朵有很多花瓣……

……有些卻只有數片。

花朵有小的……

……也有大的。

你可以把花朵畫成不同的生長方向，向前、向側或是背向。

葉子也可以有不同的形狀和大小！

尖的

彎曲的

垂下來的

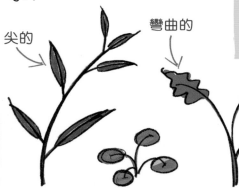

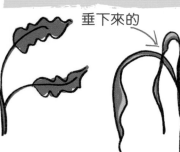

帶刺的

圓的

色彩繽紛的

帶有花紋的

請在下面空白位置畫一些葉子和花朵。

昆蟲

我們一起來畫些昆蟲吧！
牠們有什麼共同之處呢？

由頭部開始畫，加上眼睛和觸鬚。 然後就畫身體，可以是長長的、圓圓的或是瘦瘦的。（接下來你會見到不同形狀和大小。） 最後，加上腳（六隻）和翅膀（通常會有一至兩雙）。

螞蟻

蜻蜓

甲蟲

請在下面空白位置畫一些昆蟲。
他們是什麼形狀的？他們會飛嗎？
他們的腿是長的，還是短的？

蔬果

水果和蔬菜很適合用來練習繪畫。現在就在家中拿些蔬果來開始繪畫吧！

香蕉

長長的曲線

胖乎乎的香蕉柄

梨

上半部呈三角形

圓形

柄

草莓

圓形

底部呈三角形

像花的柄

小小的種子

胡蘿蔔

又瘦又長的圓錐體

皮上有些紋理

蘑菇

形狀圓圓的

蒂部可以藏起來

蒂從這條曲線長出來

請在下面空白位置畫一些
水果和蔬菜。

秘訣！

不要擔心自己勾畫的
形狀、線條畫得不完
美。現實生活中，蔬
果就是長得歪歪的！

 樹木有不同的種類，畫法也有很多。看看外面的樹木，然後模仿描繪吧！以下是一些畫樹木的方法。

先決定你想畫的樹木是什麼形狀。

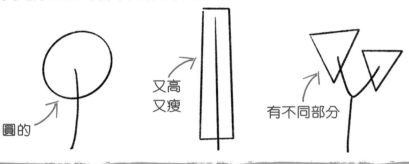

圓的

又高又瘦

有不同部分

然後，加上樹幹、樹枝和樹葉。

藏在樹葉下的樹幹

光禿禿的

你可以利用簡單的線條來表達。

以一個基本形狀，加些旋轉的線條。

樹葉分成不同部分，一簇簇的。

請在下面空白位置畫一些樹木。

樹木的不同部分

樹葉 樹葉是怎樣生長的？

一簇簇的？

大大的葉子，向上往外延伸的？

小小的葉子，在樹枝上獨立生長？

樹幹 現在一起來仔細的畫樹幹，這些樹幹上有紋理嗎？樹幹中央有沒有呈扭曲狀的節疤？

樹根 樹的底部有什麼？

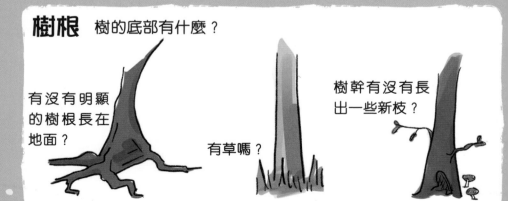

有沒有明顯的樹根長在地面？

有草嗎？

樹幹有沒有長出一些新枝？

請在下面空白位置畫一些樹，並畫出樹木
不同部分的細節。

透視法

透視法是什麼呢?繪畫時,我們利用透視法以顯示景物的距離和深度。透視法是一個頗難掌握的技巧,基本原則有以下幾點。

地平線

假如你在看景色時,可以眺望得很遠,你大概也會見到地平線。地平線是指地面跟天空的交界處,是遠處一條又長又直的線。

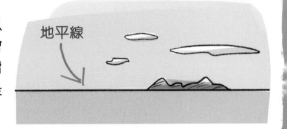

透視法

你可以利用地平線來畫透視圖。基本原則是,接近我們的事物會大一點,而遠離我們的則會小一點。事物越接近地平線,就會顯得越小……

……直至消失在我們的視線中!
這叫做「消失點」。

秘訣!

事物距離我們越遠,我們就越看不清細微之處。遠處的城市只會像很多堆在一起的形狀。

如果你打算在作品使用透視法，就可以用「消失點」來定標準。方法是：

1 畫一條線和一個小圓點（這個小圓點就是消失點）。

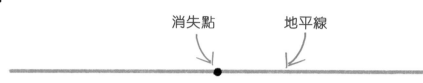

消失點　　　地平線

2 現在，以小圓點為中心，畫幾條斜線。這些線會引導你。

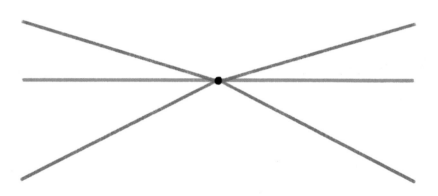

3 沿着這些線，畫些物件，物件越接近消失點，就會變得越小。

請翻到下一頁，用透視法畫出你的作品！

畫出透視圖

現在，到你動筆了！請以這些線條為標準，用透視法畫一幅城市景觀，你可以畫一些建築物、樹木、雲朵或是人物。全部都由你決定！

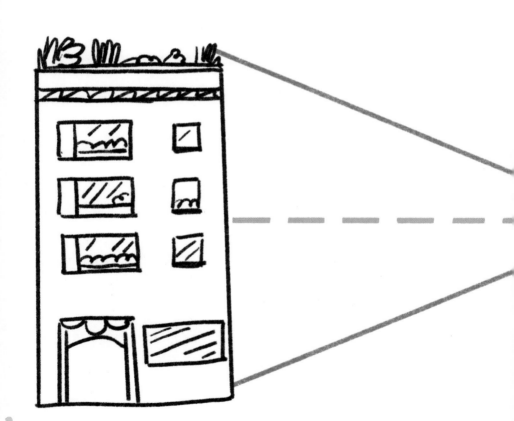

秘訣！

練習一下你之前學過的
建築物畫法，不要忘記
加上細節。

雲朵

天上的雲朵有很多不同形狀。你可以抬頭看一看，觀察一下雲朵的不同形態……

厚重的雲

這種雲的底部平坦，上方則用曲線來畫。利用陰影，使雲看起來很厚，一點空隙也沒有。

運用交錯的線條來畫陰影。

一縷縷的雲

按着同一方向畫些波浪線。想一想，風在吹，雲朵該往哪個方向移動。

鬆軟的雲

有時候，雲看起來像白絨團，或是小圓點。

又細又長的雲

試試畫些長長的雲，並往外伸展。

不規則的雲

雲的形狀可以很有趣！現在來創作你的雲朵吧！

請在下面空白位置畫一些雲朵。

飛機

1 開始時，輕輕地畫一個剔號。

2 在飛機前方三分一的位置畫一條線，形成一個十字。這就是機翼的位置了。

3 畫出呈眼淚狀的機身。

← 前方有個「鼻子」。

4 加上機翼和機尾。

5 最後，畫些窗子和雲朵。

……飛機起飛了！請在下面空白位置畫一架飛機。

熱氣球

1

輕輕畫一個圓形。

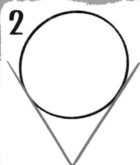

2

畫兩條斜線，
呈「V」字型。

3

加一個橢圓形。

4

把這些形狀連起
來，熱氣球就成
形了。

5

在熱氣球底下畫
一個籃子。

6

裝飾一下氣球，
並畫些人。

請在下面空白位置畫一些熱氣球。

城堡

1 先畫些基本形狀，一個挨一個，組合起來。

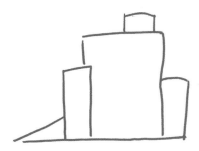

2 加上樓層、屋頂和梯級，使這些形狀變成一座建築物。

3 畫些窗戶和一個裝了柵欄的入口。

4 加點細節，例如磚頭、旗幟和火把，使它看上去像一座城堡。

5 添上陰影，增加畫面
的深度。

請在下面空白位置畫一座城堡。

火焰

這是一個基本的形狀——三角形，火焰中帶有外焰和內焰。

外焰

內焰

多畫一兩簇火焰，火焰就會變大。

可能會有風把火吹到往一邊去。

沿着三角形畫些波浪線。

想令火燒得更旺，就要在火焰的上半部多加些小波浪線，也要畫些掉下來的小火苗。

在火焰上方畫些彎彎曲曲的煙霧。

秘訣！

還記得怎樣畫雲朵嗎？畫煙霧的技巧跟畫雲朵是一樣的。

請在下面空白位置畫一些火焰。

請在以下的東西加上火焰吧。

營火

蠟燭

城堡的火把

風景

　　一起畫畫風景，有河也有山。你還記得怎樣用透視法嗎？

1 輕力把地平線和消失點描出來，然後加兩條線來幫助你畫透視圖。

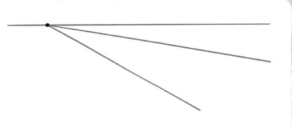

2 運用輔助線，畫一條河。河向着前方的消失點流淌，直至消失於畫面。

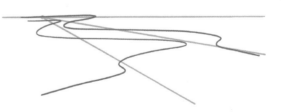

3 畫些山峯，你可以用幾個三角形來作草稿。

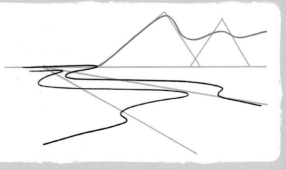

4 在遠處靠地平線的位置多畫些山峯。

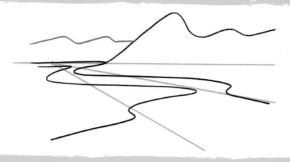

5 現在，你可以加上細節了，例如在山峯上加上一點積雪，還有動物和樹木。

請在下面空白位置畫一幅風景畫。

秘訣！

只要記住「越遠的東西就會越小」便可。這樣，你的畫作多多少少也會有透視效果。

雀鳥

1 輕輕畫出一個圓形和一個橢圓形，這就是雀鳥的頭和身體。

2 要使形狀更像一隻雀鳥，你可以加一個三角形。

3 現在，畫上眼睛、喙和頭。鳥的眼睛頗大的。

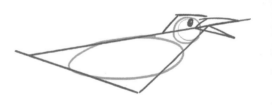

4 畫出雀鳥身體其餘的部分。你可以用之前畫的圓形、橢圓形和三角形來輔助。

5 加上羽毛和翅膀。

6 最後，加上一雙腿。

秘訣！ 雀鳥的腳爪有四隻腳趾，三隻向前，一隻向後。

吱吱吱！現在到你試試啦！請在下面空白位置畫一些雀鳥。

猴子

1 先輕力起稿。

樹枝
手臂
頭
小小的身體
彎起來的腳
彎彎的尾巴

2 接着，畫出毛茸茸的長臂。

3 畫出頭部，耳朵要露出來。

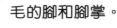 秘訣！ 臉的下半部要凸出來，所以要畫得比上半部小一點。

4 現在要畫一個小小的身體……

5 最後，畫上尾巴、又長又多毛的腳和腳掌。

猴子的腳掌跟手掌相似。

請在下面空白位置畫一隻抓着樹枝搖擺的猴子！

鱷魚

1 開始時，輕輕描畫出呈三角形的頭部、長長的脊椎、尾巴和腳。

2 把頭畫出來。

口鼻尖而凸出

高高的眼窩

鋒利、呈鋸齒狀的牙齒

3 用彎曲的線條畫出背部。

4 現在，把身體其餘部分和短而強壯的腳畫出來。

前腳向前彎……

……後腳向後彎。

請在下面的池塘邊畫一條鱷魚。

秘訣！

完成後，在鱷魚的皮膚上加些縱橫交錯的紋理會更像真啊！

大象

你能找出左圖中的大象由哪些形狀和線條組成嗎?

三角形　五邊形

圓形

S形的曲線

長方形

1 先畫一隻大耳朵和一隻小眼睛。

2 然後加上頭部和彎彎的象鼻。

3 把粗壯的腿、身體和尾巴畫出來。

4 最後,畫上象牙,以及一些皺紋、褶痕。

請在下面空白位置畫一頭大象。

蛇

1 先輕輕描畫草稿，畫一個橢圓形作蛇頭，然後畫一條彎彎曲曲的線作牠的身體。

2 現在畫蛇的頭部，呈六邊形，頭頂是平的，下巴則是尖的。嘴巴是一條寬闊的曲線，把兩側連起來。

3 沿着那條彎彎曲曲的輔助線，畫出蛇的身體，尾巴要畫得尖尖的。

4 畫出蛇的臉孔，一對大眼睛、小鼻孔以及一條長長的叉狀舌。

有些蛇的瞳孔不是圓圓的，而是狹長的。

5 加些斑紋，斑紋要畫在身體的上半部。

也畫上動作線吧！

你也來試試吧！請在下面空白位置畫一條蛇。

熱帶雨林

熱帶雨林裏有哪些特別的
事物呢？以下有一些例子：

彎彎曲曲的蔓藤

很高的樹

瀑布

蝴蝶和不常
見的昆蟲

樹蔭下，有些
粗壯、顏色較
深的樹幹

大葉子

各種花朵
和很多大
葉子

一片綠油油的林地

請在下面空白位置把剛才提及的熱帶雨林動植物畫出來，然後翻到下一頁，創作你自己的熱帶雨林吧！

創作你的熱帶雨林

請在下面空白位置畫一個熱帶雨林。

秘訣！

熱帶雨林的環境十分潮濕，有些地方很昏暗、陰涼。試試加上光影，使你的畫作唯妙唯肖。

記得加些生物！
你可以畫一些雀
鳥、爬行動物或
猴子！甚至是一
個探險家！

現在，我們一起來畫大海吧！你想畫怎樣的海面呢？

平靜

平靜的海是水平如鏡的，只須用上幾條橫線，就能顯示海水在流動。

洶湧

在洶湧的海面上，會有很多雜亂的波浪線，有高的，也有低的。

秘訣！ 如果你畫彩色畫，畫面就要留些空白部分，呈現海水折射光線的效果。

請在下面空白位置畫出暴風雨中的大海。

海浪通常往同一方向
流動，海水翻起來，
然後又退去。

翻起

退去

往同一方
向流動

即使是風高浪急，
海浪也是往同一方
向流動。

秘訣！ 你可以在一些波浪的底部加上陰
影，這樣就會顯得波濤洶湧。

帆船

1 畫一個長方形作船身，兩邊有一對斜線。上面那條橫線比下面那條長一點。

2 接着，畫個十字，代表船桅。十字的橫線要跟船身上面那條橫線平衡。

3 現在就畫上船帆！在船桅加上三角形。三角形的線條可以是直的，也可以是彎的，視乎風是否在吹着。

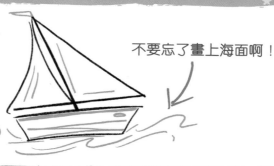

4 加點細節，使船
看起來更像真！

不要忘了畫上海面啊！

請在這些海浪上畫一隻帆船。

北極熊

1 輕輕描畫出熊的外形，畫一個大三角形和四隻腳。

2 先畫頭部。

小耳朵

又尖又黑的鼻子

3 畫上前腿。北極熊的腿十分粗壯。

4 然後畫出身體的其餘部分。

← 北極熊有個大屁股

5 把其他腳畫出來。

6 加些短線條，使熊看上去毛茸茸的。最後，畫上爪子。

請在下面空白位置畫一隻北極熊。

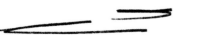

八爪魚

1 先畫八爪魚的身體，然後輕力畫八條彎彎曲曲的線代表牠的觸手。

2 在頭部畫上眼睛，眼睛加上一條波浪線。

秘訣！

3 開始畫觸手，用曲線把這些觸手連起來，呈「H」字型。

看看自己的手指和腳趾吧！八爪魚的觸手也是這樣連起來的！

4 最後，把觸手畫成彎彎曲曲的形狀（就像蛇那樣）。

5 把其餘的觸手畫出來！

6 最後，在觸手底下加些吸盤。

請在下面空白位置畫出一隻八爪魚。

魚

三角形

橢圓形

1 想像有一條線貫穿魚的身體。開始時，輕力畫些基本形狀。

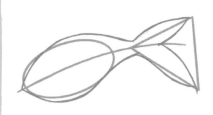

2 用曲線勾畫出魚的身體和尾部。

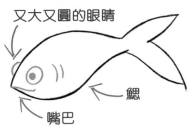

又大又圓的眼睛

鰓

嘴巴

3 加上魚類的特徵。

4 接着畫上鰭肢。

5 在鰭上畫些紋理，身體則畫上鱗片。

現在請你動動手，在下面的魚缸裏畫一些魚。

蟹

1 先畫一條曲線。

然後加一條波浪線，這就成了蟹的上半部。

2 畫出另一條曲線，身體就完成了。

也要畫眼睛和嘴巴！

3 再畫上八條腿。

秘訣！

蟹腳要畫成彎起來的，一節一節的，而腳爪的末端較尖。

4 最後，加上兩隻前腿和一雙大鉗子。

蟹挺難畫的！慢慢來吧，請在下面空白位置
練習一下。

美人魚

美人魚是虛構出來的生物，身體的上半部分是人，下半部分是魚。你想像到美人魚的外表是怎樣的呢？

1 輕輕描畫頭、胸和手臂，然後從頭部開始，畫一條長線，直達尾巴。

2 把臉孔畫出來，然後用波浪線畫些頭髮。

3 現在，畫上手臂、手掌和胸部。

4 接着，加上一條長尾巴和尾鰭。

5 最後，畫上頭髮，以及在身體加上花紋圖案。

請在下面空白位置畫一個美人魚。

鯊魚

1 先畫一個眼睛的形狀。

2 畫上尾鰭。

3 然後在身體的上方畫一個大背鰭，下方腹部畫上兩個鰭肢。

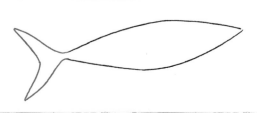

4 現在，要把這些重要部分畫出來。

又小又圓的眼睛

小小的鼻孔

閣嘴巴，裏面有很多鋒利的牙齒

用些粗線條畫出鰓部

請在下面空白位置畫一條鯊魚。

創作你的
海底世界

請在下面空白位
置畫一個海底世界。
海浪之下會有什麼事
發生呢？請你把它畫
下來吧。

火箭

我們一起上太空吧！以下是火箭的畫法，你可以逐個部分畫出來。

從頂部開始畫，最尖端是一條幼線。

然後添加下一個部分。

把主體畫出來。

在主體的兩邊畫上一對火箭推進器。

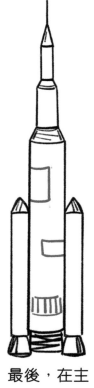

最後，在主體加上一些細節，這就完成了。

秘訣！

先想想你會用到哪些形狀。你能看出右圖中的長方形、三角形和圓柱體嗎？

火箭升空了！請在下面空白位置畫一架火箭。
你的火箭可以是由不同形狀、不同部分組成。

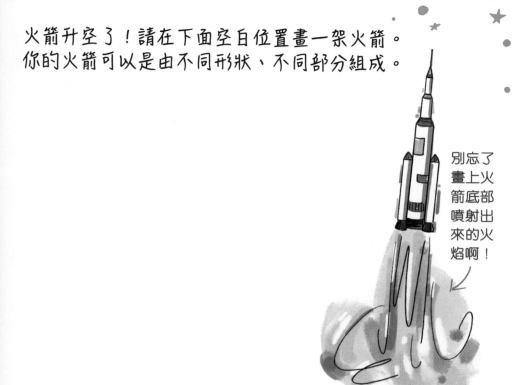

別忘了
畫上火
箭底部
噴射出
來的火
焰啊！

 太空

在太空裹，你會看到什麼呢？

人造衞星

月球

星星

太空人

行星

探索車

請在下面空白位置畫一個太空的場景。

外星人

外星人是什麼樣子呢？你可以參照右邊這個外星人，或是自己創作一個！

1 它的外表是怎樣的呢？

2 它會行走嗎？會滑行？或是會游泳？

3 它有手臂嗎？還是有觸手？或是翅膀？

4 它用什麼方法來溝通？

請在下面空白位置畫一個外星人。

創作你的外太空世界

秘訣！

請你發揮想像力，在下面空白位置畫一個外太空的場景。想想那裏有什麼建築物、車輛、植物，甚至是外星的食物！

回想你在這本書中畫過的事物，然後試試在作畫時發揮創意，設計一些新事物吧！

這裏有什麼？

這裏有個……

這裏有什麼？

這裏呢？

再見了，希望你畫得開心！

創意實習班

你做得到！畫出美麗的圖畫

作　　者：瑪麗亞‧赫伯特‧劉 (Maria Herbert-Liew)
繪　　圖：瑪麗亞‧赫伯特‧劉 (Maria Herbert-Liew)
翻　　譯：何思維
責任編輯：胡頌茵
美術設計：鄭雅玲
出　　版：新雅文化事業有限公司
　　　　　香港英皇道499號北角工業大廈18樓
　　　　　電話：（852）2138 7998
　　　　　傳真：（852）2597 4003
　　　　　網址：http://www.sunya.com.hk
　　　　　電郵：marketing@sunya.com.hk
發　　行：香港聯合書刊物流有限公司
　　　　　香港荃灣德士古道220-248號荃灣工業中心16樓
　　　　　電話：（852）2150 2100
　　　　　傳真：（852）2407 3062
　　　　　電郵：info@suplogistics.com.hk
印　　刷：中華商務彩色印刷有限公司
　　　　　香港新界大埔汀麗路36號
版　　次：二〇二一年一月初版

ISBN: 978-962-08-7637-0
Original Title: YOU CAN draw brilliant pictures
Text and illustrations © Maria Herbert-Liew
(except: frames on p.15, p.17, p.19, p.2; window frame on p.29; fish bowl on p.79 © Shutterstock.com)
Copyright © HarperCollins Publishers 2020
All rights reserved.

Traditional Chinese Edition © 2021 Sun Ya Publications (HK) Ltd.
18/F, North Point Industrial Building, 499 King's Road, Hong Kong
Published in Hong Kong
Printed in China